铸龙

中广核“华龙一号”示范项目建设管理与创新

华龙印迹

广西防城港核电有限公司 | 编 著

中国原子能出版社

图书在版编目（CIP）数据

铸龙：中广核“华龙一号”示范项目建设管理与创新 . 华龙印迹 / 广西防城港核电有限公司编著 .

北京：中国原子能出版社，2024. 12. -- ISBN 978-7-5221-3985-2

Ⅰ . TM623

中国国家版本馆 CIP 数据核字第 20247P4B81 号

铸龙：中广核“华龙一号”示范项目建设管理与创新　华龙印迹

出版发行　中国原子能出版社（北京市海淀区阜成路 43 号 100048）

责任编辑　李静晶　王艳胜

装帧设计　沈钰浩

排版制作　成都海之焰文化传播有限公司

责任校对　刘　铭

责任印制　赵　明

印　　刷　北京中科印刷有限公司

经　　销　全国新华书店

开　　本　889 mm×1194mm　1/12

印　　张　13

字　　数　110 千字

版　　次　2024 年 12 月第 1 版　2024 年 12 月第 1 次印刷

书　　号　ISBN 978-7-5221-3985-2　　定　　价　158.00 元

发行电话：010-68462845　　

中广核"华龙首堆"精神

CGN

自强进取、敢为人先的创新精神

攻坚克难、争创一流的拼搏精神

同心同德、协调并进的团结精神

克己奉公、任劳任怨的奉献精神

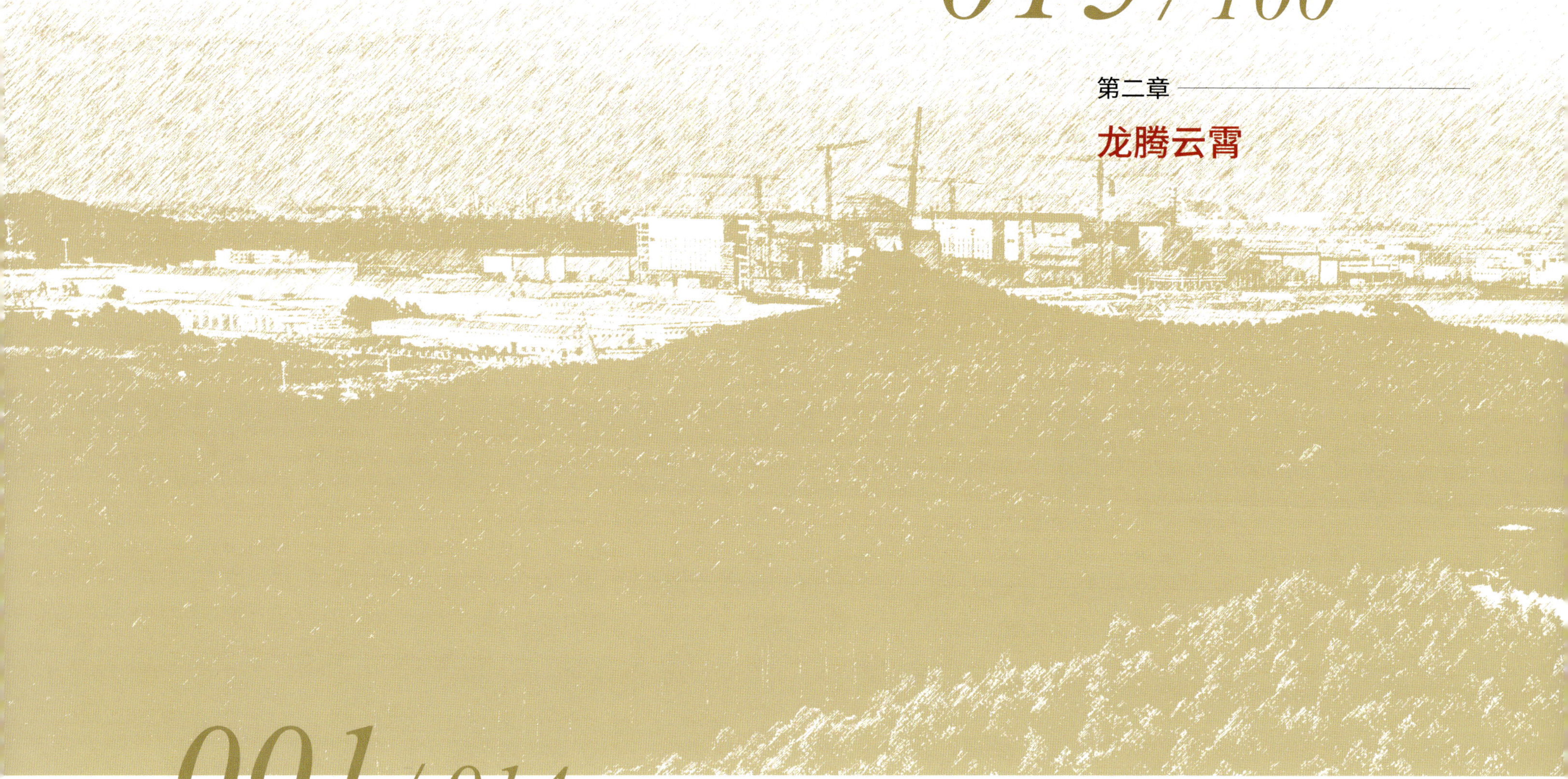

目录

第壹章

01 聚力成龙

成 · 龙

红沙浪却，新风起，

甲子功业初建，巨臂东立。

人道是，华龙大国重器。

科学苦功，技领群雄，

终得华龙安家，几多心血非痴梦。

防城港市航拍

防城港市位于我国大陆海岸线的最西南端，广西南部边陲，南临北部湾，北连南宁市，依港而建，因港得名。

防城港市是一个多民族聚居的沿海沿边地区，生活着汉族、壮族、瑶族、侗族、京族、苗族等 19 个民族，孕育了多元的文化和独特的民族风情。

京族服饰

京族独弦琴

疍家婚礼

大板瑶服饰

大板瑶村民吹奏“喃嘟喝”

峒中砧板陀螺

厂址原始地貌

2010 年 7 月 30 日，广西防城港核电厂一期工程开工，我国西部地区和少数民族地区第一个核电项目正式落地于防城港市光坡镇东部的红沙村，这里距南宁市约 130 千米；距北海市城区约 60 千米；距钦州市城区约 32 千米，距钦州市龙门港镇约 9 千米；距防城港市城区约 25 千米。

广西防城港核电有限公司深入开展企地融合，制定“智慧能源＋滨海农旅＋产城服务”中长期周边乡村振兴行动计划，以实干担当的姿态，助推铸牢中华民族共同体意识示范区建设。公司年纳税超 10 亿元，居广西壮族自治区前列、防城港市第一名。2021 年，公司荣获“全国脱贫攻坚先进集体”称号。

广西防城港核电厂二期项目是“华龙一号”示范项目，“华龙一号”技术方案先后通过了国际原子能机构（IAEA）安全审查，欧洲压水堆核电站用户（EUR）认证和英国通用设计审查（GDA），成为中国核电走向世界的“国家名片”。

第贰章

02 龙腾云霄

华龙吟

粒子微渺裁更细，裂合激起冲天力。

核热融堆能量集，光明飞入千户里。

筚路蓝缕创佳绩，大国重器添雄翼。

防核人爱巅峰旅，丹心映照云天碧。

"华龙首堆"重要节点时间

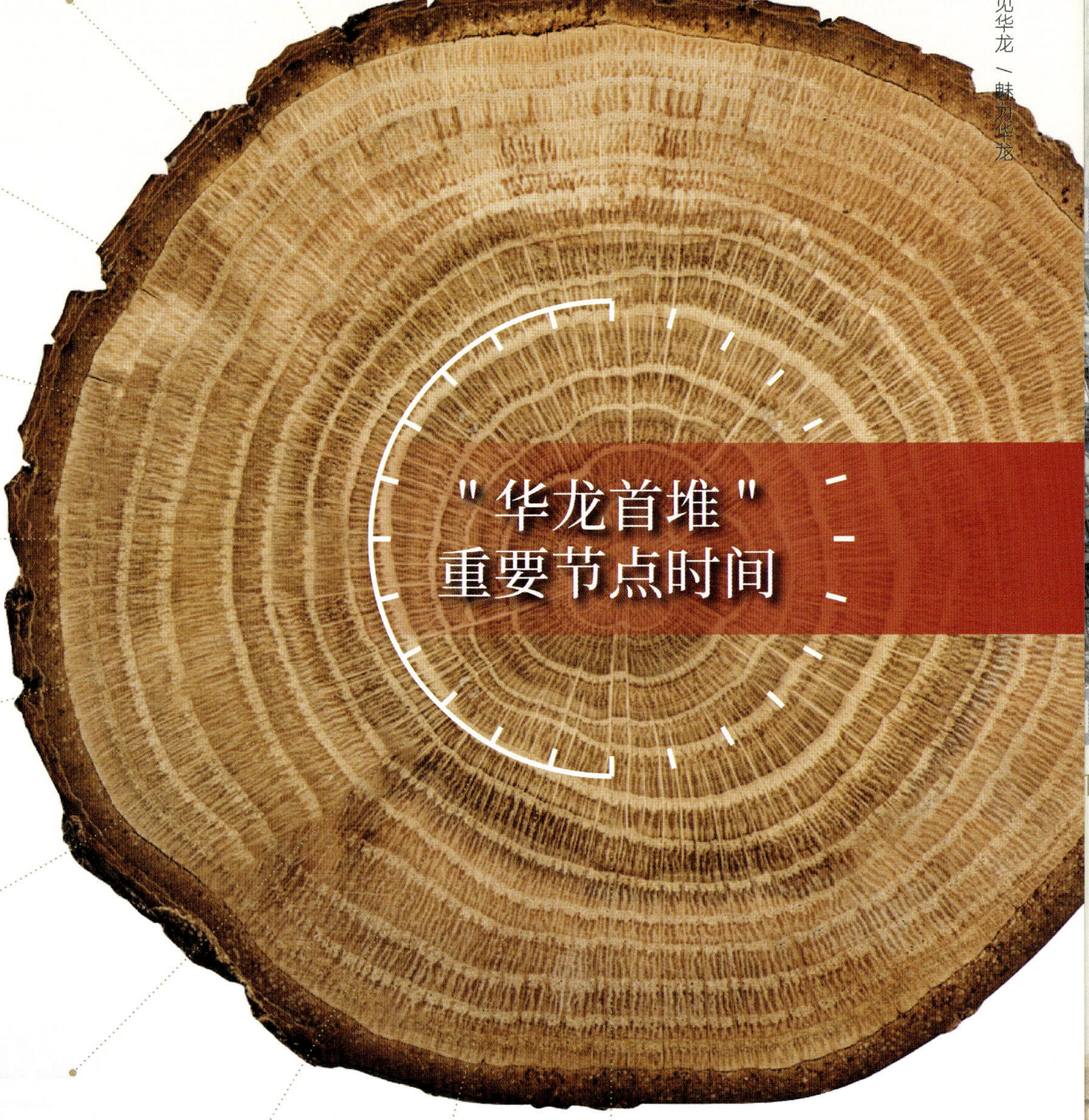

2015.2.2
核岛负挖工程开工

2015.12.24
核岛浇筑第一罐混凝土（FCD）

2017.11.10
穹顶现场拼装开始

2018.5.23
安全壳穹顶吊装

2018.8.28
首个工艺系统调试开始

2018.11.29
常规岛安装开始

2021.3.15
核回路清洗 (NCC) 开始

2021.5.15
核岛主回路冷试开始

2022.3.23
核岛主回路热试开始

2022.11.25
首次装料

2022.12.27
首次临界

2023.1.10
首次并网

2023.3.25
具备商业运行条件

2021.4　2022.5　2023.5

2015 年 2 月 2 日，3 号机组核岛负挖工程开工，“华龙一号”正式落地我国西部首座核电厂，这是积极落实国家“一带一路”倡议和西部大开发、建设北部湾经济区战略的重要举措，不仅对广西壮族自治区经济结构优化、经济平稳较快发展，建设资源节约型、环境友好型社会具有重要的现实与长远意义，并有利于进一步实现各民族共同发展、共同繁荣。

2015 年 12 月 24 日，中广核“华龙一号”示范工程首堆（3 号机组）浇灌核岛反应堆第一罐混凝土（FCD），3 号机组主体工程正式开工。

中广核“华龙一号”示范工程——防城港核电厂二期工程开工新闻发布会

中广核“华龙一号”示范工程——防城港核电厂二期工程开工动员会

2015 年 12 月 25 日，3 号机组核岛浇筑第一罐混凝土

2016 年 11 月 28 日，3 号机组泵房进行第一罐混凝土浇筑

中国建筑 服务跨越五洲

10319
安全是生命之本 违章是事故之源

2017年1月22日，广西壮族自治区党委副书记、
自治区政府主席蓝天立调研防城港核电项目

2017 年 7 月 27 日，时任国家能源局副局长李
凡荣调研 3 号机组建设现场

2018 年 4 月 8 日，时任广西壮族自治区党委书记、自治区人大常委会主任鹿心社调研防城港核电项目

钗头凤 - 谱新篇

一秋草，百岁榕，似曾相识他年中。

山依旧，水长流，

一朝立业，十年匆匆，

叹，叹，叹。

天空蓝，核电红，心中豪情自在生。

开新局，启征程，

严慎细实，保驾护航，

兴，兴，兴。

“华龙一号”采用单堆布置，设置双层安全壳，安全壳整体为钢筋混凝土结构，外壳厚1.5米，内壳厚1.2米，能够抵御大型商用飞机的撞击。双层安全壳设置环形空间通风系统，降低了事故情况下放射性物质向环境释放的风险，提高了核电厂的安全性。

核安全高于一切

11#

039　2018 年 5 月 19 日，环轨吊装完成

3 号机组核岛于 2017 年 10 月 16 日开始安装，实际施工总点数 901.8 万点，是防城港核电厂一期项目双机组的 1.3 倍。

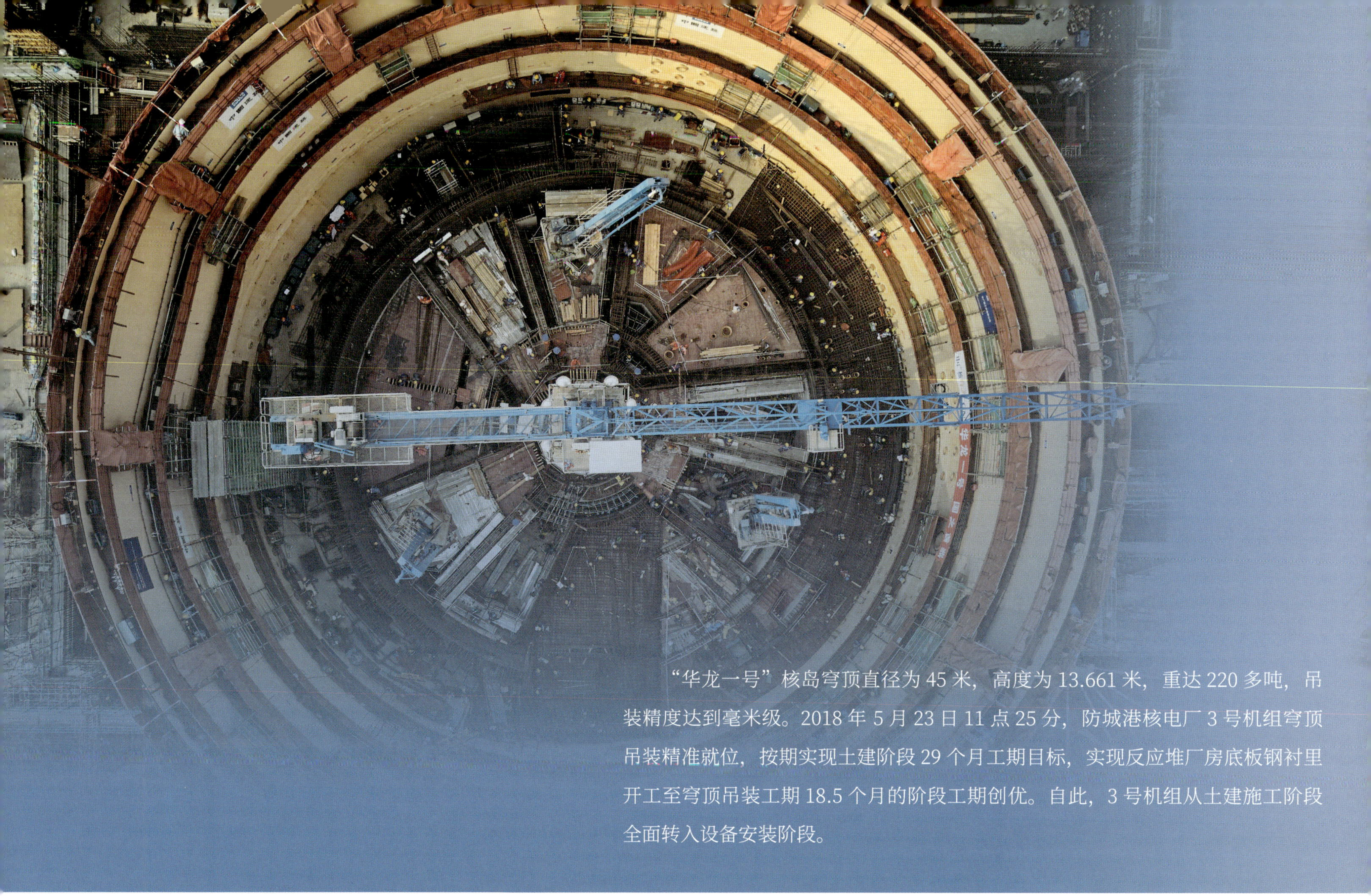

“华龙一号”核岛穹顶直径为 45 米，高度为 13.661 米，重达 220 多吨，吊装精度达到毫米级。2018 年 5 月 23 日 11 点 25 分，防城港核电厂 3 号机组穹顶吊装精准就位，按期实现土建阶段 29 个月工期目标，实现反应堆厂房底板钢衬里开工至穹顶吊装工期 18.5 个月的阶段工期创优。自此，3 号机组从土建施工阶段全面转入设备安装阶段。

鹧鸪天·穹顶吊装

云淡风轻月半升，筑基浇灌灯火明。
汗水碎珠溅尘泥，钢筋林立铸傲骨。
严谨守规慎操作，穹顶吊装妙毫巅。
防核冠冕迎盛典，红沙鹭飞映朝阳。

2018 年 12 月 26 日，3 号机组核反应堆压力容器卸船

华龙一号
核安全高于一切

2019 年 3 月 29 日，3 号机组泵房主行车吊装

2019 年 7 月 16 日，“华龙一号”首个系统 TOTO 签字

2019 年 9 年 23 日，“华龙一号”项目建设动员会

2019 年 9 月 30 日，中广核首台“华龙一号”全范围模拟机投用

2020 年 5 月 10 日，3 号机组反应堆厂房内安全壳顺利封顶

2020 年 4 月 18 日，“华龙一号”现场值班正式启动

2020 年 5 月 14 日，中广核首台“华龙一号”机组全范围模拟机具备完全培训条件

运行真经

金戈铁马战荒坪，五湖四海引凡星。
陲南孤山意无雪，满腔热忱混太清。
前车东夷以为鉴，安全任重履薄冰。
善用自然人为本，操之在我练真经。

东方电气集团承制
CGN

防城港核电厂 3 号机组蒸汽发生器供货创造了第三代核电蒸汽发生器生产周期 24 个月的新纪录。2020 年 5 月 30 日，3 号机组首台蒸汽发生器经过连钩操作、滚转、翻转等工序成功吊装就位于垂直支撑。“华龙一号”首台蒸汽发生器的顺利吊装就位，拉开了核岛重大设备安装的序幕，为实现核岛安装主线关键路径奠定坚实基础。

2#

3 号机组首台发电机定子于 2020 年 5 月 31 日 6 时 36 分起吊、12 时 26 分精准到位，标志着“华龙一号”实现常规岛主设备引入迈出了关键一步。

发电机作为常规岛重大设备，定子重 510.2 吨，长 12.5 米，宽 4.8 米，高 4.9 米，本次吊装就位工作采用了液压提升装置及其配套构架（固定架、移动架以及轨道梁等）构成吊装系统的方法来实现发电机定子的拖运。

2020 年 6 月 10 日，时任生态环境部副部长、国家核安全局局长刘华调研防城港核电项目

2020 年 7 月 23 日，3 号机组稳压器成功就位

2020 年 11 月 13 日，“华龙一号”首批操纵员取照考试顺利完成

2020 年 12 月 2 日，3 号机组发电机穿转子

2020 年 12 月 17 日，3 号机组扣缸工作现场

2021 年 9 月 9 日，国家发改委党组成员、国家能源局局长章建华调研防城港核电项目

2021 年 9 月 13 日，时任国防科工局副局长、国家核应急办主任张建华调研防城港核电项目

2021 年 4 月 29 日，3 号机组主控室操作权限移交

防城港核电厂 3 号机组完成冷态功能试验于 2021 年 5 月 15 日开始，6 月 10 日顺利结束。

冷态功能试验是机组进入系统调试段后的第一个综合性试验，主要通过对反应堆冷却剂系统和相关辅助系统的功能试验及高压边界的打压试验，完成关键系统和设备的功能验证，检验主回路安装质量。

践行“严慎细实”的工作作风，高质量推进华龙一号建设
热烈庆祝
防城港3号机组
中广核华龙一号首堆
防城港3号机组冷态功能试验
SSE

2021 年 12 月 6 日，随着最后一段顶板混凝土完成浇筑，防城港核电厂 3 号机组 ASP 水箱完成施工。

二次侧非能动余热排出系统（ASP）是“华龙一号”重要的非能动安全系统，在反应堆厂房外壳设置有一圈混凝土水箱，水装量 2779 吨，相当于 1.5 个标准游泳池的容量，能够满足事故后 72 小时内一回路热量排出的要求。ASP 项目采用模块化施工技术，这种施工工法在集团内首次采用。

OT BY ZUOLA

浪淘沙 · 华龙热试

胜日瞰三湾，春色无边。巨轮南海正扬帆。
塔吊如林千秋业，尘起边关。
情聚华龙缘，热试正酣。清洁核能指日间。
欣揽扶隆八百里，绿水青山。

防城港核电厂 3 号机组冷试至热试用时 312 天，热态功能试验于 2022 年 3 月 23 日开始，于 2022 年 6 月 5 日顺利结束。

热态功能试验是核蒸汽供应系统（NSSS）首次在无核燃料的情况下模拟机组的实际运行条件，在各个压力温度平台上对 NSSS 及其辅助系统有关设备和系统的功能响应进行全范围验证，是装料前在无核情况下的全面演练。

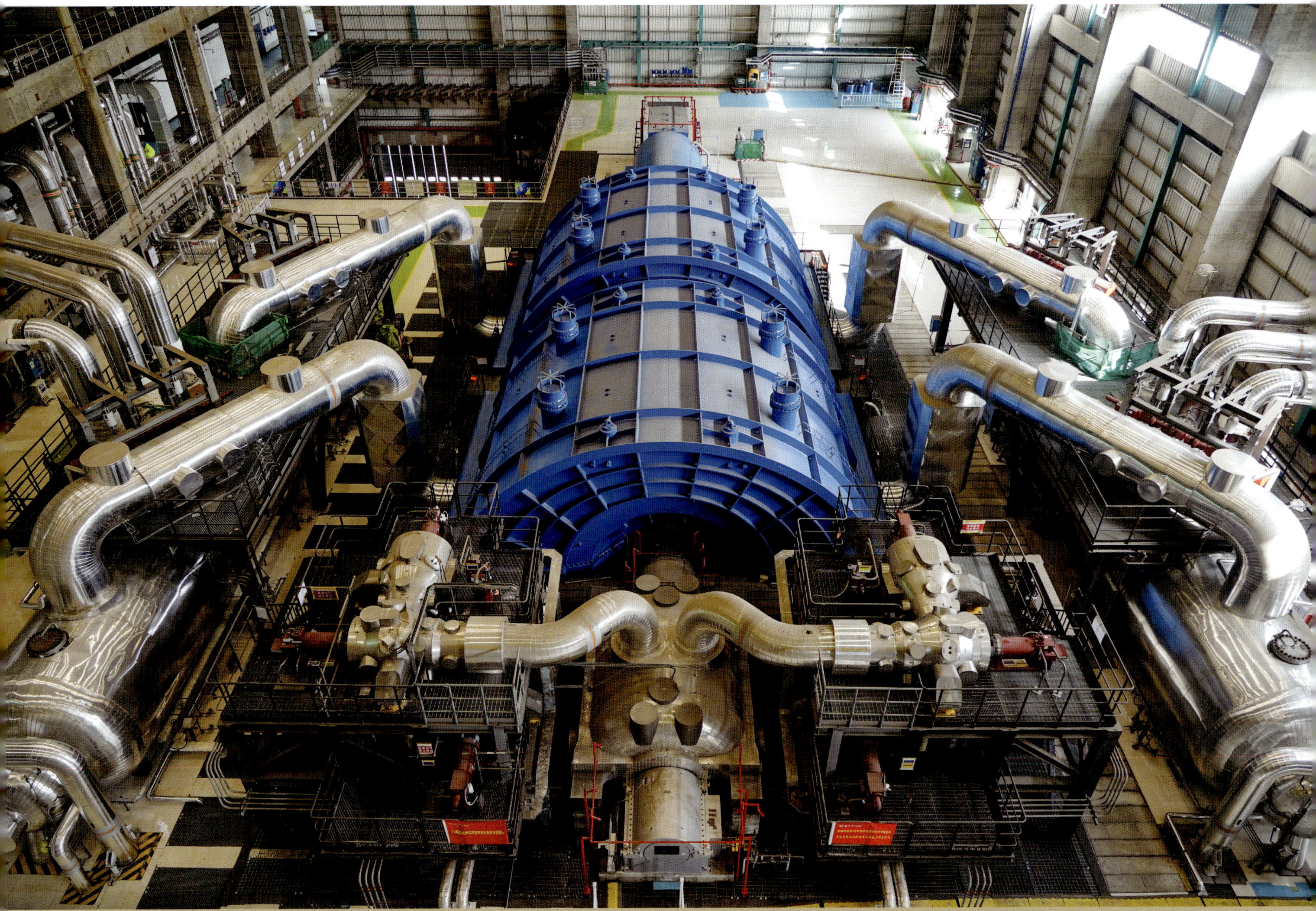

2022 年 5 月 24 日，3 号机组非核蒸汽冲转顺利完成

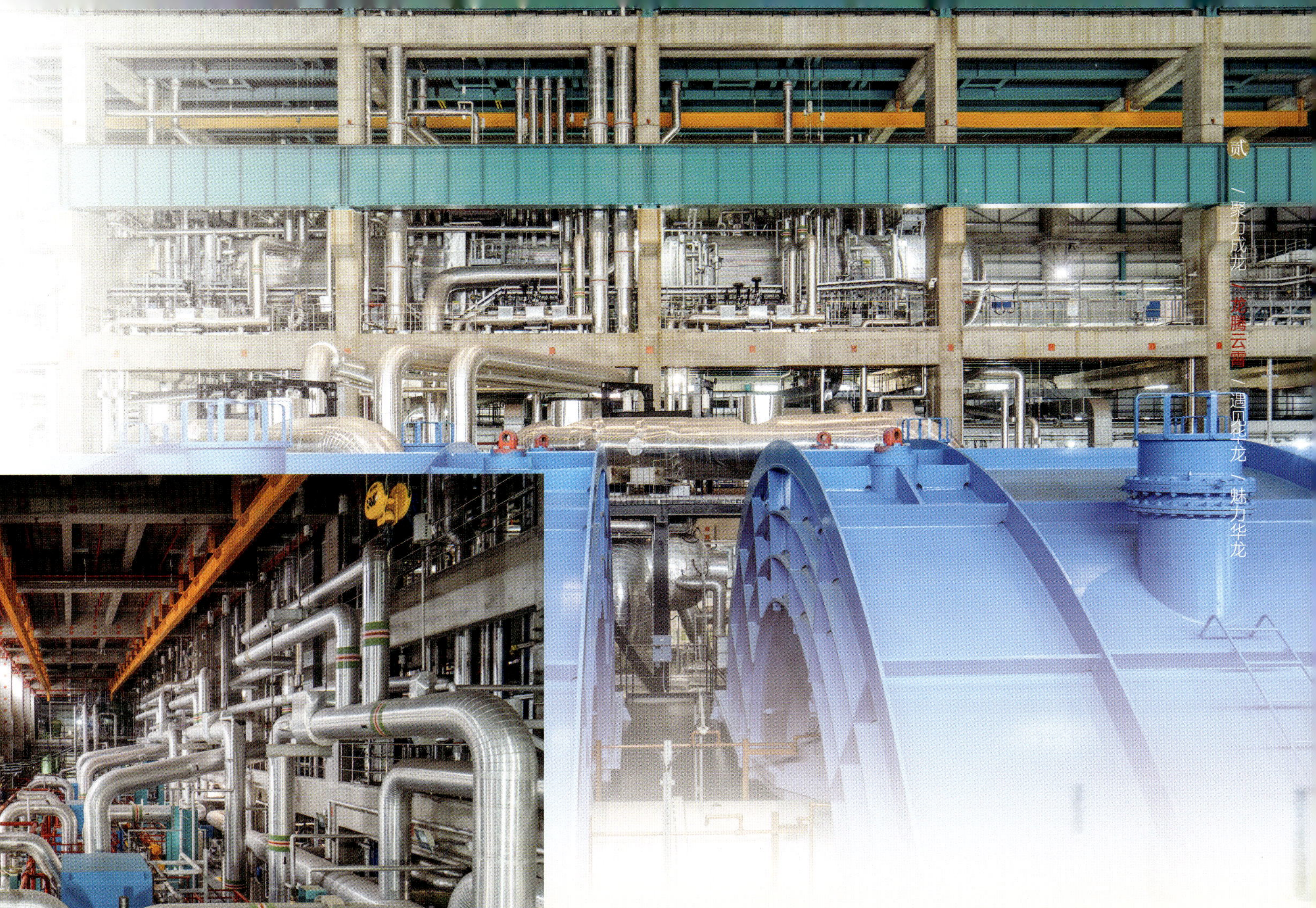

2022 年 5 月 27 日，防城港核电厂 3 号机组反应堆厂房外安全壳顺利完成结构封顶，标志着 3 号机组核岛厂房主体结构施工完成，土建施工全面转入尾项处理和核清洁阶段。

2022 年 6 月 9 日，中广核集团公司党委副书记李历调研防城港核电项目

2022 年 7 月 4 日，生态环境部部长黄润秋调研防城港核电项目

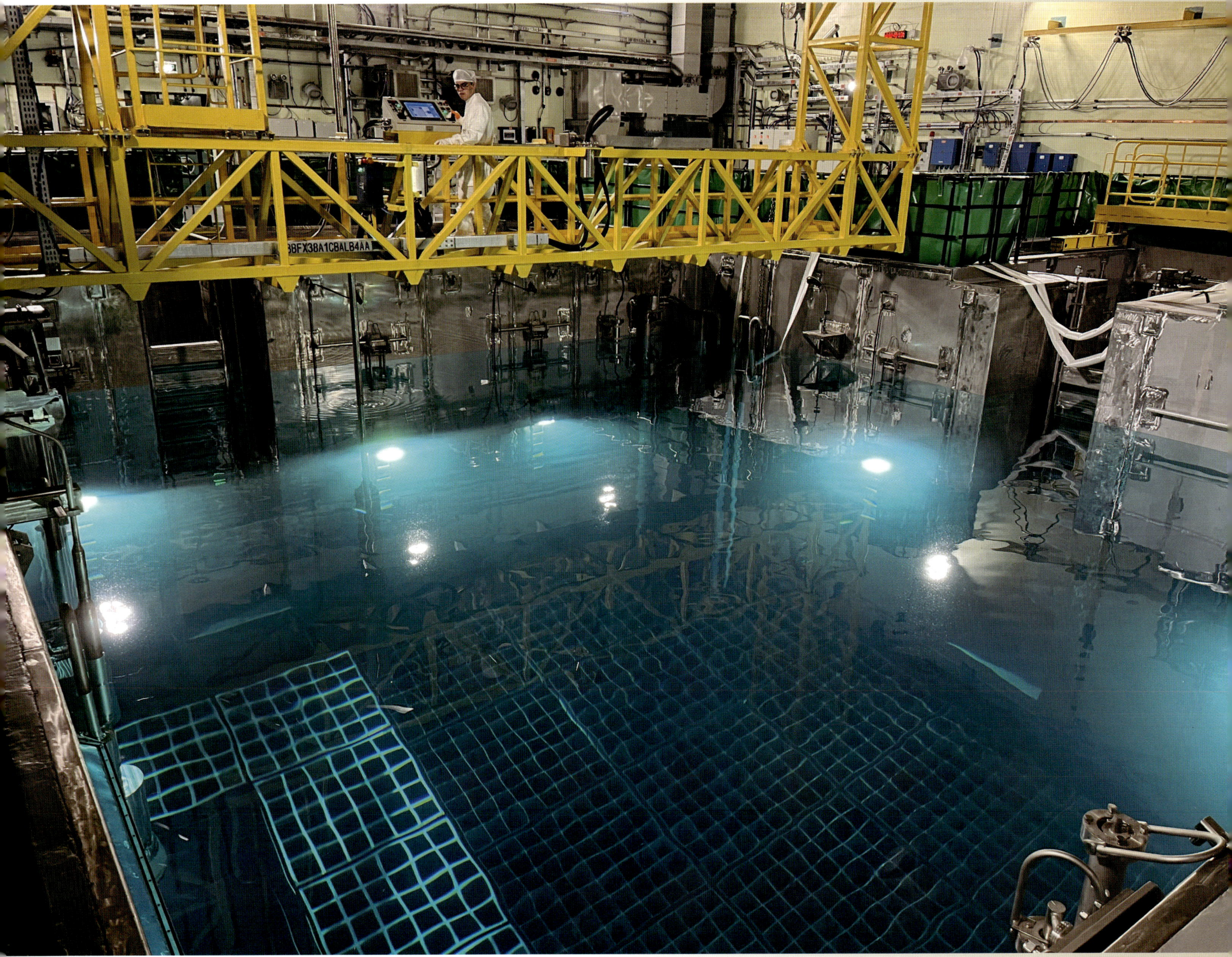

2022 年 8 月 23 日，3 号机组乏燃料水池具备可用条件

2022 年 9 月 5 日，3 号机组核清洁顺利完成

2022 年 11 月 25 日，3 号机组获得国家核安全局批准的运行许可证

2022 年 11 月 7 日，3 号机组 DCS 系统顺利实现移交

核电数字化仪控系统（DCS）是负责整个核电厂运行监控、操作控制和管理的核心装备，是保障核电厂运行安全的关键，被视为核电站的“神经中枢”。防城港核电厂二期工程使用中广核发布的自主核级 DCS 平台“和睦系统”，采用最新、最严的法规标准，共包括 351 台机柜、28 组盘台，涉及板卡近 2 万块，组态页面超过 5 万页。通过近 400 千米电缆实现对现场上万个设备的监视或控制。将我国自主核电技术和装备技术结合，是首个采用我国自主核电 DCS 系统的“华龙一号”核电项目。

2022 年 11 月 25 日，中广核集团公司党委书记、董事长杨长利为“华龙首堆”高质量投产党员攻坚队授旗

防城港核电厂 3 号机组热试到装料用时 247 天，创国内第三代首堆机组最短工期纪录。“华龙一号”堆芯采用 177 组燃料组件，堆芯热工安全裕量大于 15%，堆芯平均线功率密度下降 3.5%，堆功率提高 8.8%。3 号机组装料于 2022 年 11 月 25 日开始，11 月 28 日结束。

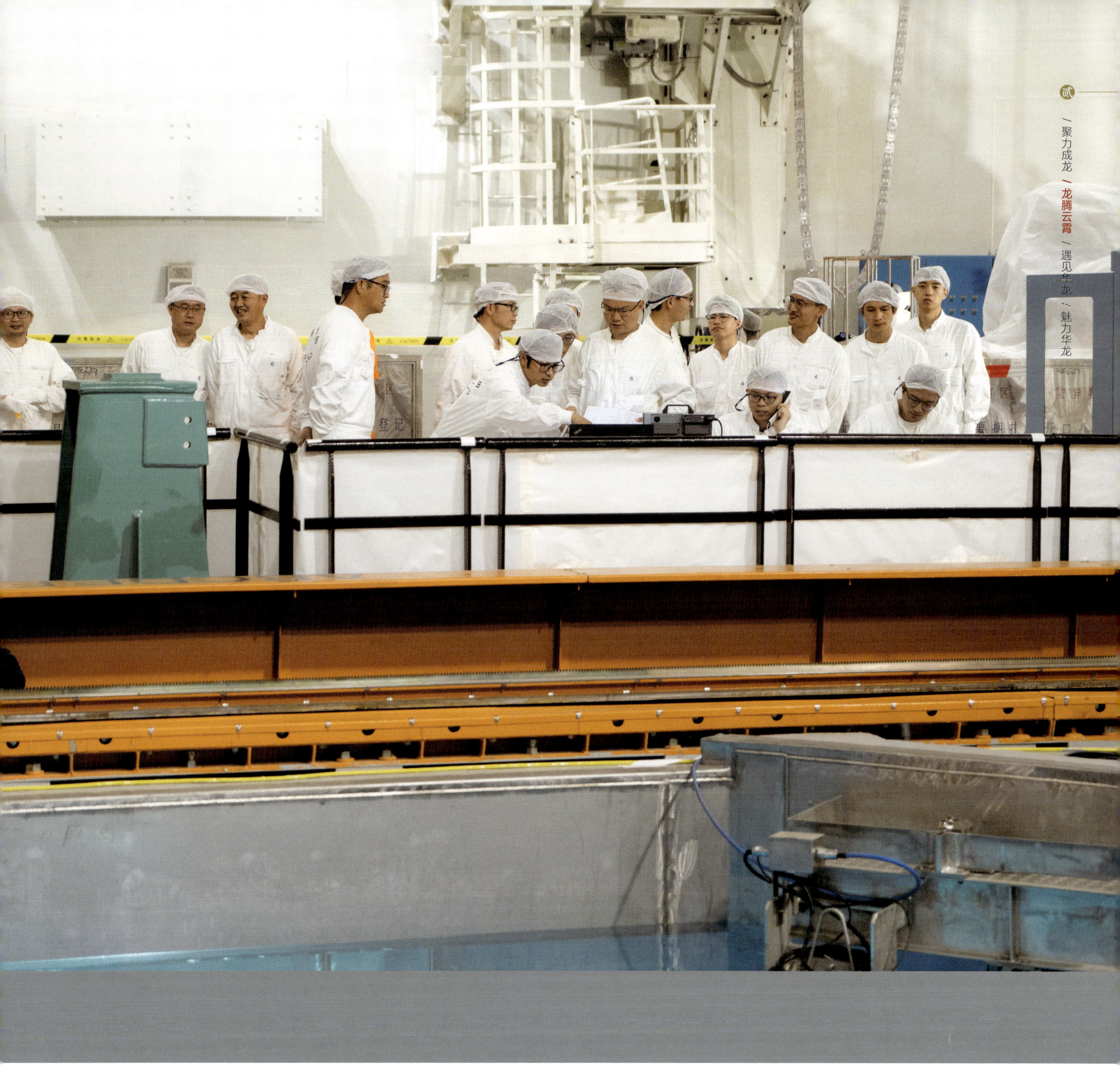

西江月·艰辛装料

关山已越千重，峻岭横亘突见。
故障共模更生惊，相顾衍愁万顷。
排查全面细致，牢记安全承诺。
吹尽狂沙终携料，征途再谱新篇。

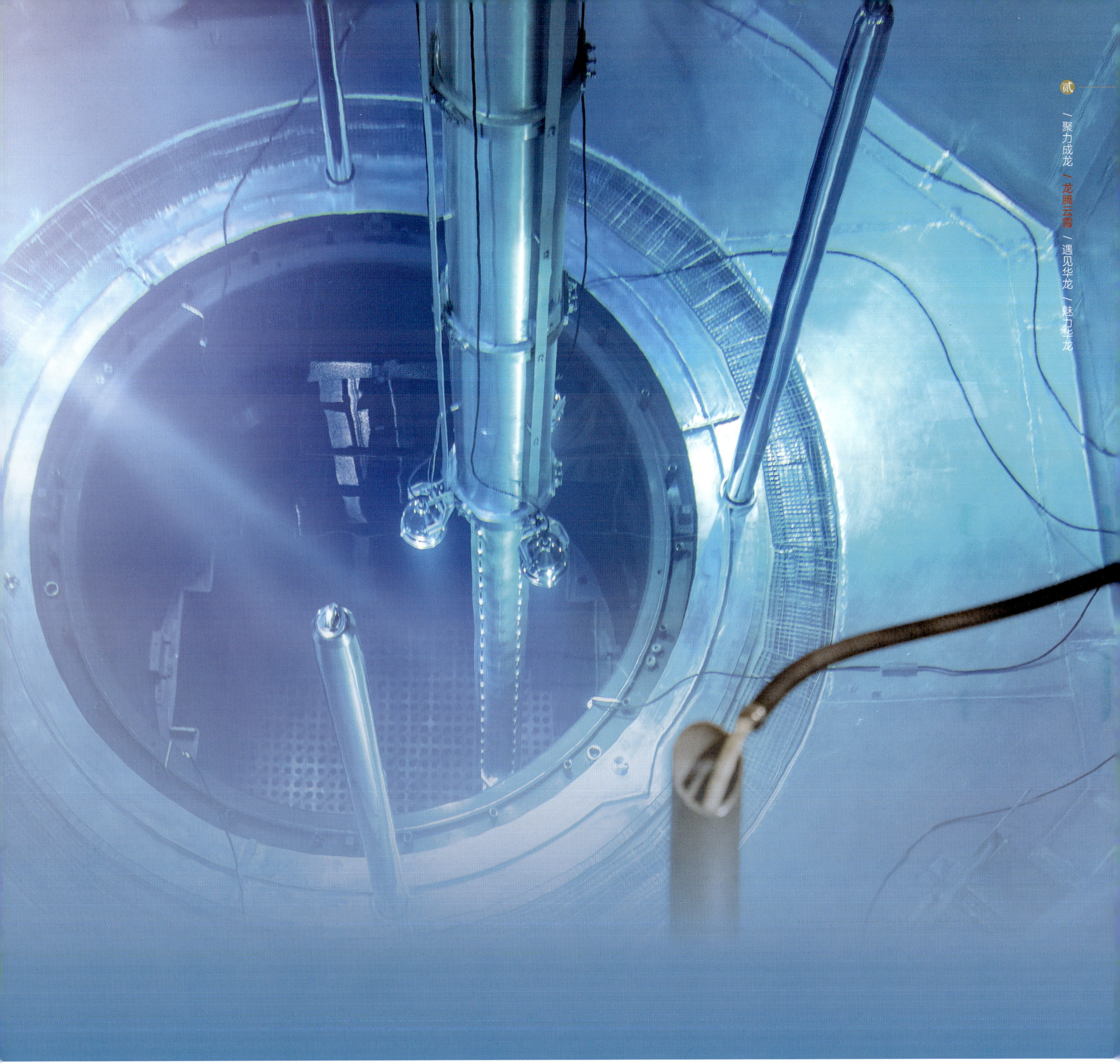

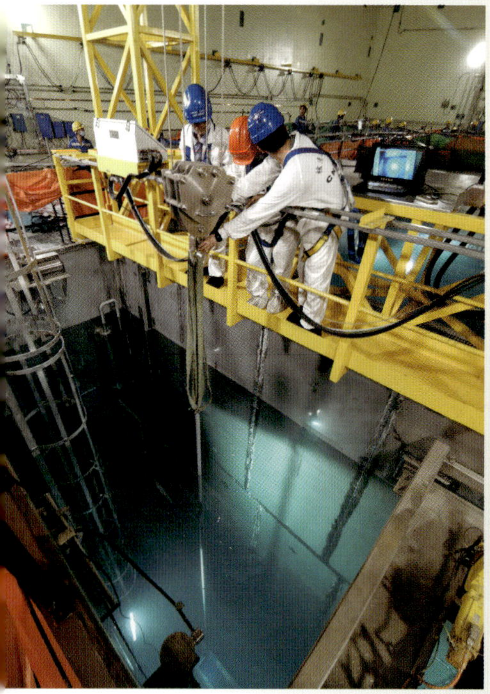

2022 年 11 月 29 日，3 号机组核岛堆内构件安装

2022 年 12 月 27 日，3 号机组核反应堆首次达到临界状态，临界一次成功，正式进入带功率运行状态。

不忘本来、开创未来，为全面建设社会主义
现代化国家贡献中广核力量
中广核华龙首堆首次达临界圆满成功

2023 年 1 月 10 日，防城港核电厂 3 号机组首次并网一次成功，正式具备了向电网输入电力的能力。

2023 年 3 月 25 日，3 号机组正式具备商业运行条件

2023 年 3 月 25 日，随着 168 小时试运行圆满完成，防城港核电厂 3 号机组正式具备商业运行条件，实现了零跳机、零跳堆、零小修、零重大设备损坏投产目标，创造了第三代首堆高质量投产新纪录。装料至具备商运条件 120 天达成，创第三代机组最优工期。

2023 年 3 月 25 日，3 号机组商运投产大会

华龙一号核电机组
产大会
严·慎·细·实
号核电机组正式投产
中广核 CGN

“华龙一号”投产

癸卯华龙初投产，宛若平地起惊雷。
实现核电自主化，举国同庆八方贺。

F301 大修现场，正在执行低压缸隔板吊装工作

防城港核电厂 3 号机组从装料到商运零非计划停机停堆，首循能力因子达 98.36%，创国内第三代堆最优纪录。3 号机组首次大修于 2024 年 2 月 1 日开始。

厂房走廊

汽机主变压器

汽轮机厂房

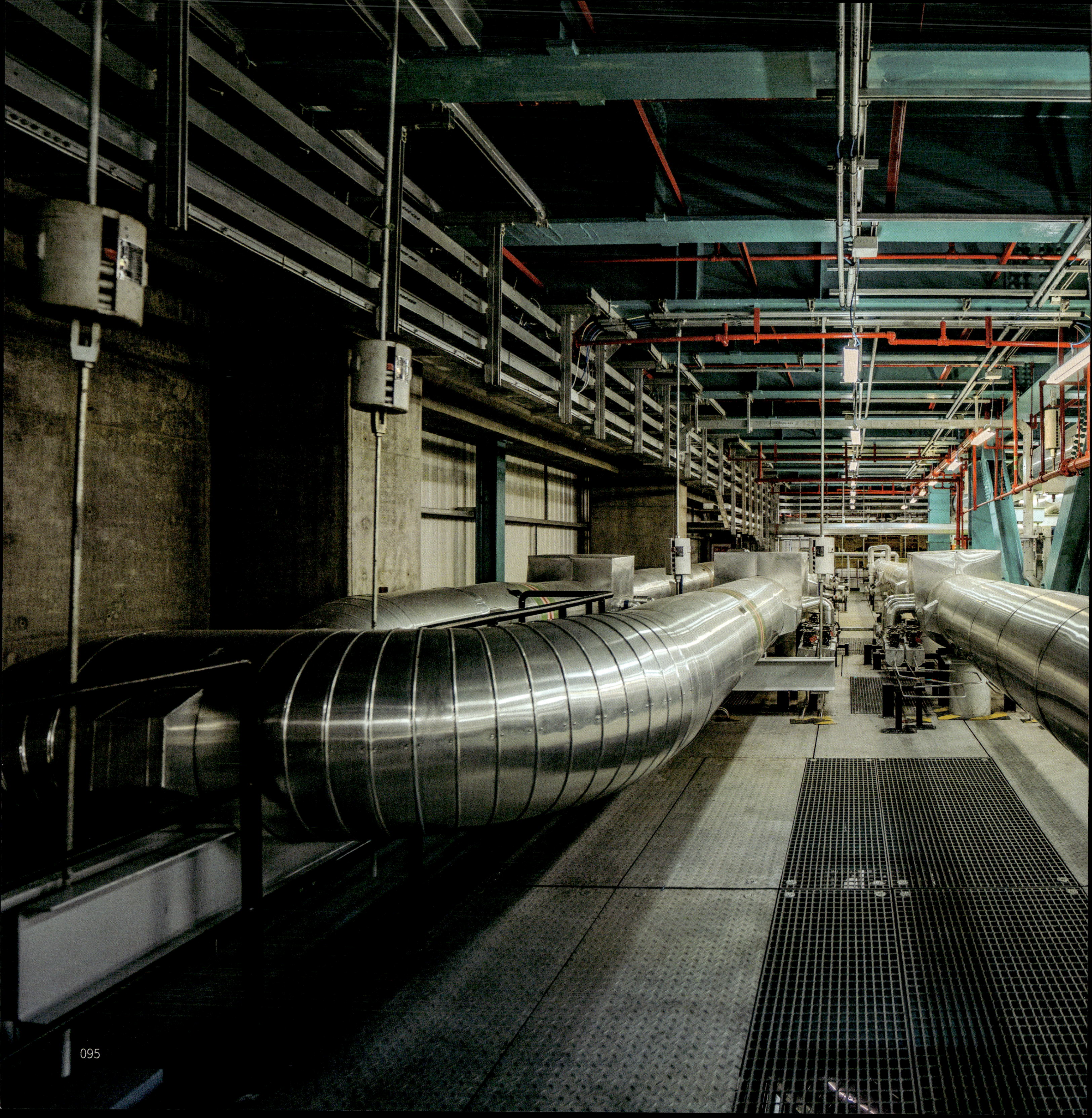

核安全事业高于一切
核安全责任重于泰山
华龙一号
4号机组
热烈庆祝中广核"华龙一号"示范工程全面建成

安全生产责任制
安全生产责任制

2024 年 5 月 25 日，4 号机组再次实现“四个零”高质量投入商运，中广核“华龙一号”示范工程全面建成。两台机组年发电量可达 180 亿千瓦时，能够满足 200 万人口的生产生活年度用电需求，每年可减少标煤消耗超 543.6 万吨，减少二氧化碳排放约 1483.2 万吨，环保效益相当于植树造林超 4 万公顷。

第叁章

03 遇见华龙

我见“华龙”

未见初闻华龙国之重器，心向往之；
投身已见身姿怒展峥嵘，情意难平。
添砖加瓦助力行稳致远，神采飞扬；
保驾护航展望华龙腾飞，荡气回肠。

“华龙一号”首堆建设总工期 87 个月，生产工程大团队近两万人栉风沐雨、日夜奋战，冷试到热试、热试到装料、装料到并网均创国内第三代首堆机组最短工期纪录，创造了第三代首堆高质量投产新纪录。

严慎细实
诚信透明

外围厂房

现代化国家贡献中广核力量
202051
热 烈 庆
中 广 核 华 龙
试 成 功 ！

中广核 CGN
严 慎 细 实
F301大修柴油机检修
党员先锋队

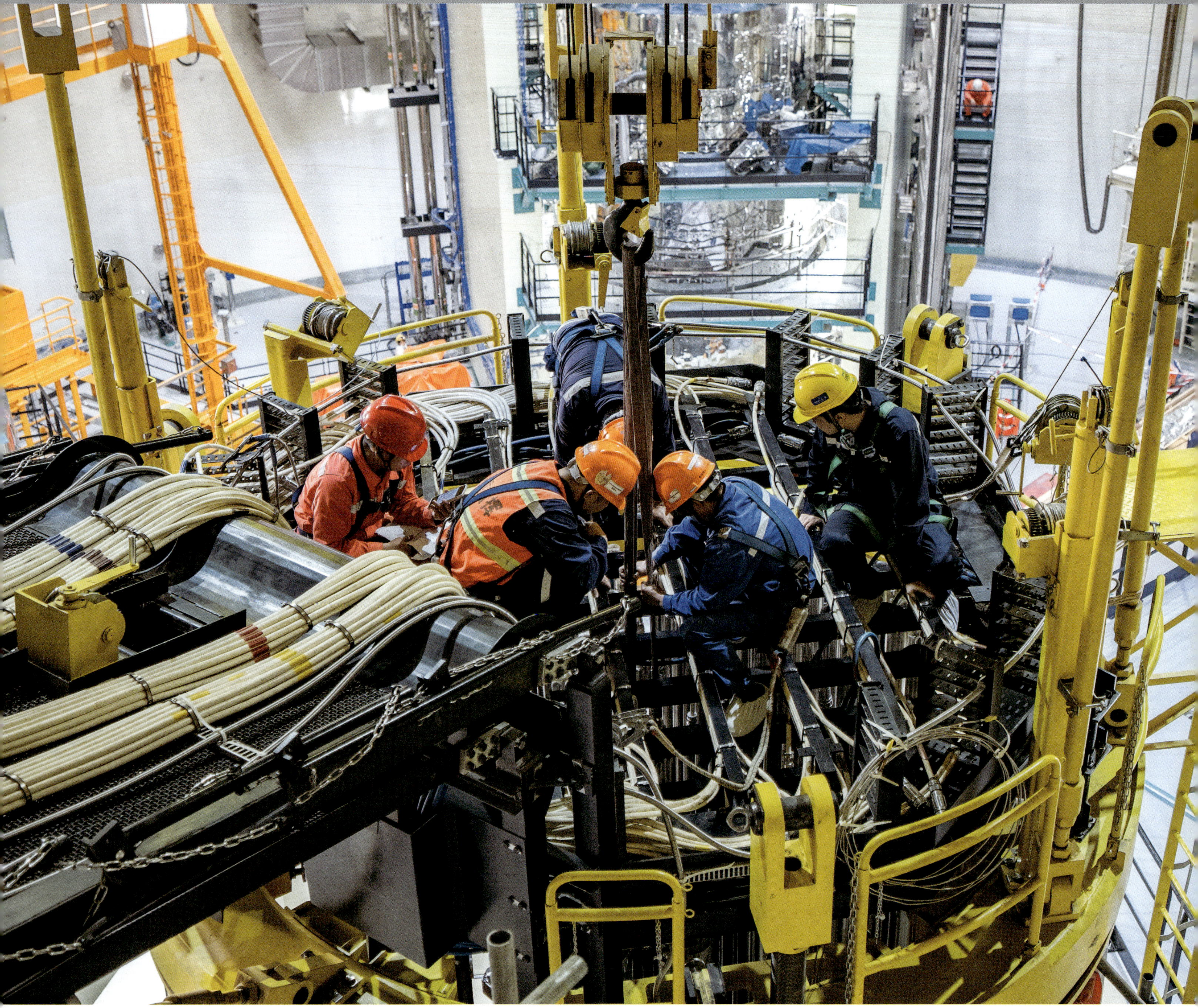

零缺陷

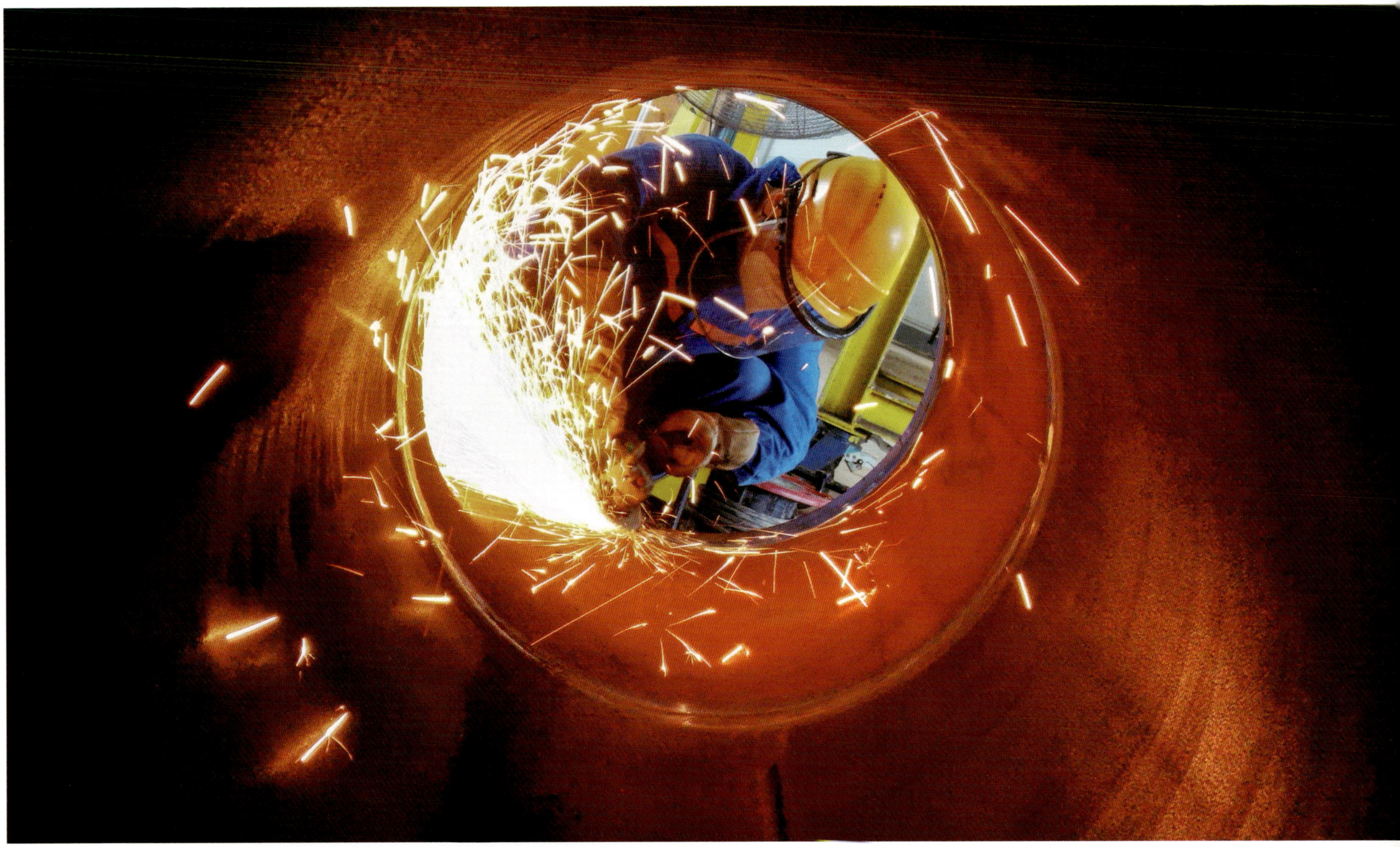

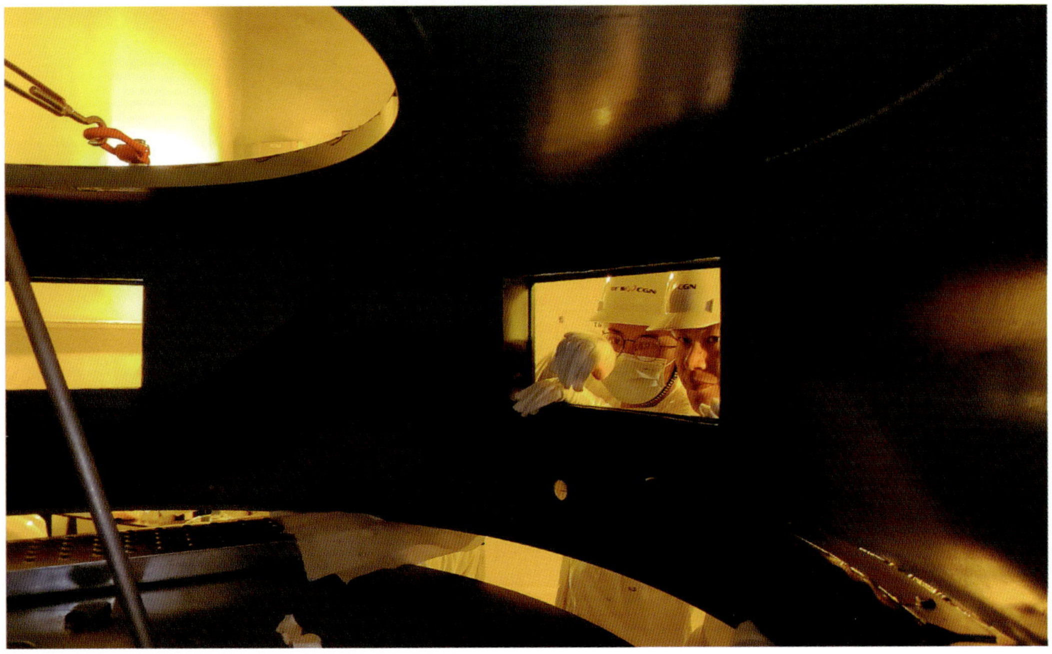

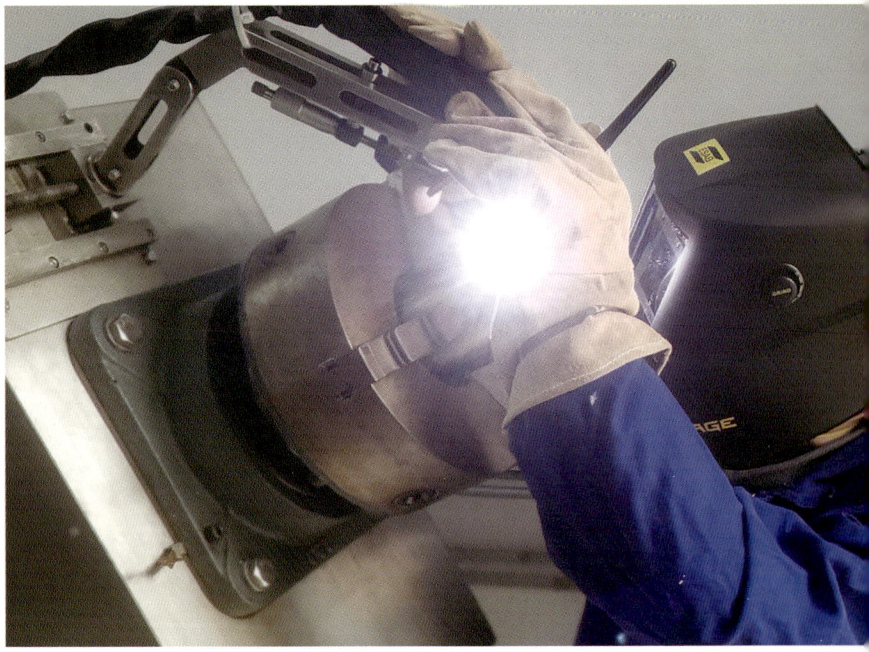

高新技术企业

2022 年全国质量标杆

全国模范职工之家

中央企业先进集体

全国脱贫攻坚先进集体

全国模范劳动关系和谐企业

10 “华龙一号”西部首堆商运

2023年3月25日，我国西部地区首台“华龙一号”核电机组——中国广核集团广西防城港核电站3号机组正式具备商业运行条件。防城港核电项目是我国西部地区和少数民族地区建设的首个核电项目，项目规划建设6台百万千瓦级核电机组，一期工程两台机组已于2016年建成投产，累计上网清洁能源电量超1000亿千瓦时；二期工程两台机组采用“华龙一号”技术，单台机组年发电量近100亿千瓦时。中广核自主研发的“和睦系统”（英文名：FirmSys）首次应用到“华龙一号”机组，在防城港核电站3号机组顺利通过了冷试、热试、装料、并网等多个阶段的重大考验。机组的成功投产，验证了我国三代核电技术和先进核电仪控装备的良好融合。

（点击图片了解详情）

2023年度央企十大超级工程出炉！

国资小新 2024年01月03日 08:00 北京

26人听过

2023年12月23日
“国资小新”联合国务院国资委网站、
《国资报告》杂志
推荐20个央企超级工程
并在“国资小新”、
国资报告新媒体平台发起投票

综合各平台网友投票情况和专家意见
“2023年度央企十大超级工程”
结果出炉，一起来看！

十大超级工程

第肆章

04

魅力华龙

“核”你拾年

一湾碧水戏蜻蜓，两朵青山白鹭鸣。

四海贤者相呼应，八方雅客齐展旌。

十载峥嵘岁月凝，百年华龙创新景。

千里传电递福幸，万家灯火暖深情。

防核晚霞

红霞漫天碧映空，云卷落日覆苍穹。
抬眼已是初灯照，机车往复人事中。

江亭晚照

山衔落日暮云收，曙色霞光四溢流。
极目不分天水色，斜阳如水下西楼。
牧童短笛横牛背，白鹭临江逐水鸥。
渔人歌罢还家去，空卧明江一叶舟。

红日

一轮红日东方生，万里江海浪拍舟。

莫道天高云淡处，人间正是好风流。

霞

暮色逐日忙西行，数笔青帛画流樱。
举头不见云中月，灯火急饰满天星。

核安全高于一切

核安全

中广核 CGN
华龙一号

防核七月

雨染天边墨，月笼水中纱。
潮涌云天幕，风起海上花。

500 kV 开关站

防城港核电引入前沿环保技术与生态修复措施，构建生态缓冲区，建设陆域暗涵，持续进行红树林种植与养护工作，制定环境监测方案，定期开展红树林生态健康评估，确保每一步运营皆恪守最高环保准则，为红树林保护倾注超两千万元资金。